Arthur Batut

I0478368

La photographie aérienne par cerf-volant

Le savoir en poche

ISBN : 978-1546846208

10 9 8 7 6 5 4 3 2 1

Arthur Batut

La photographie aérienne par cerf-volant

Le savoir en poche

Table de Matières

Introduction.

Au printemps de 1888, lisant pour la première fois le beau travail de M. Gaston Tissandier sur la *Photographie en ballon*[1], nous fûmes surpris que l'idée de substituer un cerf-volant au ballon ne fût encore venue à personne. En effet, si d'un côté la Photographie aérienne est susceptible d'applications nombreuses d'une utilité incontestable, il faut bien le reconnaître, le support de l'appareil photographique, le ballon, est un objet encombrant, coûteux, nécessitant un matériel considérable au point de vue du transport et surtout du gonflement et demande en outre un personnel nombreux pour la manœuvre. La perfection des épreuves obtenues en ballon est aujourd'hui chose démontrée ; on entrevoit déjà la longue liste des applications qu'on en peut faire. Mais pour qu'une découverte soit vraiment utile, pour qu'elle porte tous ses fruits, il faut qu'elle puisse être mise entre les mains de tous. Or, la Photographie en ballon est le lot d'un très petit nombre, des rares privilégiés de la fortune que tentent les recherches scientifiques. Songeons à ce qu'était la Photographie ordinaire, il y a quinze ans, l'apanage de quelques adeptes ; à ce qu'elle est aujourd'hui, le partage de tous, le crayon photographique, pour ainsi dire, que le voyageur, le touriste, le simple promeneur emportent avec eux. Quel magicien a pu dans si peu de temps opérer une transformation pareille ? Le gélatinobromure d'argent qui, en rendant les manipulations presque nulles, a simplifié et surtout allégé d'une manière invraisemblable le bagage photographique.

Multiplier les photographies aériennes en rendant leur production facile, en la mettant à la portée de tous, pour leur permettre de fournir les diverses applications dont elles sont susceptibles, voilà le but que nous nous proposons en publiant ce petit travail.

Nous nous sommes fait une loi absolue de ne décrire que des appareils construits et expérimentés par nous, que des procédés ayant fourni de bons résultats, convaincu qu'en ces matières l'expérience est le seul guide infaillible et que l'abandonner un instant est le sûr moyen de tomber dans l'erreur.

I. Avantages du cerf-volant sur le ballon.

Comme nous le disions en commençant, le seul obstacle à la propagation de la Photographie aérienne ne réside que dans le ballon.

Encombrant et coûteux, cet appareil demande encore un temps relativement long pour être mis en état de s'élever dans les airs ; d'où manque de réussite dans les opérations, par suite du défaut de lumière, si l'ascension est trop retardée. Nous citerons à l'appui le récit de l'expérience faite par MM. Lair et Gillon le 15 février 1884 et rapportée par M. Tissandier[2]. « Le ballon n'ayant pu être gonflé assez rapidement, c'est à quatre heures seulement que les opérateurs ont pu faire l'expérience. »

Supprimer une cause d'insuccès en ayant sous la main un véhicule toujours prêt à enlever l'appareil photographique, voilà ce que l'usage du cerf-volant offre aux opérateurs. Mais, dira-t-on, le vent est nécessaire au cerf-volant et, avec le calme plat, toute opération devient impossible. Nous répondrons que l'inverse a lieu avec le ballon, du moins lorsque celui-ci est retenu captif, ce qui est le cas le plus habituel. On nous accordera donc que le cerf-volant pourrait, en tout cas, être considéré comme un suppléant du ballon captif lorsque le vent empêche celui-ci de s'élever. Nous croyons pouvoir affirmer que, même par temps calme, il est possible de faire monter un cerf-volant, si ce n'est à une grande hauteur, tout au moins d'une manière suffisante pour prendre une vue cavalière assez étendue. Nous reviendrons du reste sur ce sujet.

II. Description des appareils.

Avant de passer à la description des opérations sur le terrain, nous croyons utile d'entrer dans tous les détails de construction : 1° du cerf-volant ; 2° de la chambre noire ; 3° du mode de suspension de celle-ci ; 4° de l'obturateur ; 5° enfin du choix de l'objectif et du procédé photographique.

Le cerf-volant. — Le cerf-volant est pour la plupart d'entre nous une vieille connaissance, un de ces jouets dont l'habileté du constructeur fait tout le mérite et dont l'aspect évoque dans nos plus lointains souvenirs l'image d'un père ou d'un ami. Malheureusement, depuis Franklin, peu de savants s'en sont occupés, et l'empirisme seul préside d'habitude à sa construction. Nous avons été assez heureux pour trouver, dans le journal *la Nature*, quelques articles sur les cerfs-volants et, notamment dans le numéro du 26 février 1887, la description détaillée d'un cerf-volant, due à M. Esterlin, professeur au collège de Bazas. Ce type, que nous avons adopté, nous a fourni d'excellents résultats et, grâce à quelques modifications de détail, a pu être allégé à tel point que, dans ces nouvelles conditions, le poids du cerf-volant, armé de son appareil photographique complet, n'excède guère le poids du cerf-volant de M. Esterlin de même dimension. Au point de vue pratique, ceci a une grande importance. La hauteur à laquelle peut atteindre le cerf-volant est limitée en effet par le poids de corde qu'il peut emporter. Plus nous diminuerons son propre poids et plus nous pourrons lui donner de corde et, par suite, d'élévation. Mais revenons à sa construction. Le cerf-volant de M. Esterlin se compose du classique roseau, dont la longueur divisée par 10 donnera l'unité de mesure qui va nous guider dans la construction. Prenons, par exemple, un roseau de 2^m ; le dixième de sa longueur sera $0^m,20$. À deux unités du gros bout du roseau, c'est-à-dire à $0^m,40$, nous fixerons l'arc composé de deux tiges d'osier, longues chacune de cinq unités et demie, c'est-à-dire de $1^m,10$, dont la réunion devra former une longueur de sept unités, soit $1^m,40$, les deux parties les plus épaisses des osiers liées l'une sur l'autre. Cela fait, nous passerons la corde de ceinture dans des encoches faites aux deux extrémités du roseau ainsi qu'à celles de l'arc et nous la tendrons suffisamment pour donner à celui-ci une flèche d'environ une unité, soit $0^m,20$. Nous recouvrirons ensuite le cerf-volant de papier léger mais résistant, en ayant le soin de le doubler d'une étoffe mince aux quatre angles et aux deux points d'attache de la bride. Ces points se trouvent, l'un à la jonction de l'arc et du roseau, l'autre à trois unités du petit bout de celui-ci, c'est-à-dire à $0^m,60$. Cette bride est une cordelette d'une longueur telle que, rabattue sur le côté du cerf-volant, elle dépasse légèrement l'extrémité de l'arc. C'est en face de cette extrémité que l'on doit faire une boucle à la bride, boucle sur laquelle viendra se fixer à l'aide d'une olive en bois la corde de manœuvre. Une forte ficelle, reliant par derrière les deux extrémités de l'arc et tendue plus ou moins, suivant la violence du vent, sert à donner au cerf-volant une surface convexe qui lui assure une grande stabilité.

Bien que l'appareil décrit ainsi dans *la Nature* soit donné comme cerf-volant sans queue, nous devons avouer que nous n'avons jamais réussi à l'enlever sans cet appendice incommode et fragile, mais qui, jusqu'à présent, nous a paru indispensable.

Voici en quoi consistent les modifications apportées par nous au cerf-volant dont nous venons de donner la description. Nous avons supprimé le roseau, souvent lourd dans les dimensions citées plus haut ($0^m,08$ à $0^m,09$ de circonférence au gros bout), et nous l'avons remplacé (*fig.* 1) par deux règles AB de bois léger (peuplier de Caroline), ayant 0^m,020 × 0^m,005 de section et à fil bien droit. Ces deux règles, solidement liées ensemble aux deux extrémités, viennent embrasser, à la quatrième et à la cinquième unité de longueur en partant de la tête, une boîte légère, d'une épaisseur égale à la largeur des règles et représentant la forme d'un trapèze A'B'C'D', le plus petit côté tourné vers la queue. Cette boîte, dont tous les côtés sont cloués et collés, a deux unités de longueur. Deux solides ligatures en ficelle et quelques pointes l'assujettiront entre les deux règles. C'est sur cette boîte que se fixera le *support* de la chambre noire.

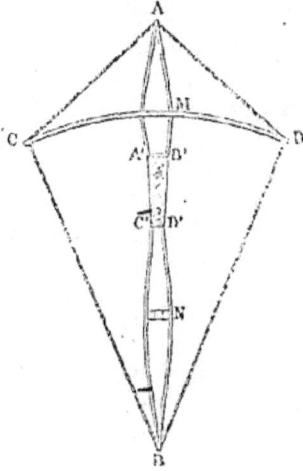

Fig. 1.

Aux deux points d'attache de la bride, de légères mais solides entretoises de bois blanc, M et N, viennent tendre les deux règles en les écartant et leur donnent ainsi une grande rigidité. Ces entretoises sont appelées à subir des secousses et des tractions violentes ; rien donc ne doit être négligé pour les fixer avec soin. Quelques pointes légères et surtout des ligatures méthodiques en bonne ficelle sont les moyens qui nous ont le mieux réussi. Afin que la bride ne puisse glisser, ce qui aurait pour résultat de faire dévier le cerf-volant, il est bon d'enrouler une ficelle encollée sur toute la longueur de l'entretoise, en ménageant au milieu un espace vide sur lequel cette bride viendra s'attacher.

Pour les cerfs-volants dont la longueur excède 1^m,50, nous préférons aux osiers, pour former l'arc CD, deux lames de fleurets soudées ensemble par la poignée. Les boutons peuvent être soit enveloppés de ficelle encollée à laquelle on fait une boucle, soit remplacés par des anneaux faits à la forge en retournant l'extrémité du fleuret. C'est dans ces boucles ou dans ces anneaux que devra passer la corde de ceinture. Les fleurets présentent, dans les grandes dimensions, l'avantage de joindre une grande flexibilité à une solidité absolue. Leur réunion aux deux règles se fait sur l'entretoise supérieure par des ligatures de ficelle encollée. Pour protéger la ficelle contre les angles des fleurets, il est bon de recouvrir ceux-ci, au point de jonction, avec des planchettes de liège ou de bois tendre.

Dans le cas particulier qui nous occupe, cette disposition spéciale du cadre du cerf-volant, outre son extrême légèreté et sa force de résistance à la flexion, quant à l'arête, présente un sérieux avantage pour la suspension de l'appareil photographique. En effet, sous l'influence d'un brusque coup de vent, le roseau court le risque de tourner dans les ligatures qui l'attachent à l'arc, et, comme l'appareil est solidaire du roseau, l'axe de l'objectif perd l'orientation qu'on lui a donnée[3]. Avec la nouvelle disposition du cadre, cet accident n'est plus à craindre, les deux surfaces en contact des règles et de l'arc étant des surfaces planes.

Puisque nous n'avons pu supprimer la queue de notre cerf-volant, résignons-nous à la décrire. Cet appendice, qui d'ailleurs ne manque pas de grâce lorsque l'appareil flotte dans l'air, est destiné à donner au cerf-volant une stabilité relative qui lui ferait, sans lui, absolument défaut. La queue chez le cerf-volant joue le même rôle que chez le lézard, elle régularise les mouvements. Comme longueur, elle doit avoir au moins quatre fois celle du cerf-volant. On la compose d'une ficelle double sur laquelle on fait de simples nœuds embrassant des rectangles de papier. Ces rectangles doivent avoir comme dimensions une unité et demie de longueur sur la moitié de largeur (dans le cas d'un cerf-volant de 2^m, ce serait donc $0^m,30$ sur $0^m,15$) ; on les froisse en les tordant vers leur milieu et l'on serre le nœud autour de chacun. Ils doivent être espacés d'environ une unité, soit $0^m,20$. Une olive en bois termine l'une des extrémités de la queue pour l'assujettir à la partie inférieure du cerf-volant, qui porte à cet effet une boucle en ficelle solidement attachée au roseau ou aux règles. On se contente d'habitude d'une ficelle unique. Mais il arrive que, sous l'action du vent, la queue s'anime d'un mouvement de rotation sur elle-même qui peut détordre la ficelle et occasionner sa rupture. Cet accident amène la chute du cerf-volant, qui *pique une tête*, suivant l'expression consacrée, et court grand risque de se briser. La ficelle double met à l'abri de ce danger.

La chambre noire. — Comme il est facile de le prévoir, les chambres noires qu'on trouve dans le commerce, fussent-elles du modèle le plus soigné, n'ont ni la solidité, ni la légèreté voulues pour le nouvel emploi auquel nous les destinons. Nous avons donc imaginé un modèle que nous avons taché de simplifier le plus possible. Les trois conditions que nous avons cherché à réaliser sont : 1° grande légèreté ; 2° solidité (pour résister aux accidents possibles du départ ou de la descente) ; 3° fixité absolue de la planchette d'objectif par rapport à la surface sensible, même sous l'influence de violentes secousses. Cette dernière condition nous force à proscrire le soufflet et nous oblige à construire une chambre à foyer fixe, la seule dont la rigidité nous paraisse suffisante. Notre chambre sera donc une boîte cubique en bois blanc de 0m,004 d'épaisseur, dont les joints seront simplement cloués et collés. Intérieurement le bois sera teint en noir au pyrolignite de fer, et extérieurement la chambre sera recouverte de papier noir dit *papier à aiguilles*, collé à la colle d'amidon, ce qui augmentera la solidité de l'ensemble en supprimant toute chance de filtration de lumière à travers le bois ou les joints. Naturellement, notre boîte sera ouverte sur l'un de ses côtés ; le couvercle que nous y adapterons se composera d'une planchette de 0m,01 d'épaisseur. Dans cette épaisseur sera creusée une feuillure qui, entourant le couvercle, recevra les quatre côtés de la boîte. Deux petites pointes pénétrant dans des trous percés à l'avance à travers les côtés de la boîte et l'épaisseur du couvercle et formant verrous, fixeront celui-ci d'une manière suffisante. Pour empêcher les pointes de sortir de leur logement et pour arrêter tout rayon de lumière, nous entourerons le joint de deux bracelets de caoutchouc superposés.

Dans la partie opposée à l'ouverture, nous percerons le trou de l'objectif. Comme celui-ci doit être choisi parmi les instruments symétriques, il n'y aura aucun inconvénient à le retourner et nous pourrons ainsi le fixer dans l'intérieur de la chambre, ce qui lui évitera bien des chances d'accident.

Le châssis, ou plutôt ce qui en tient lieu, sera une simple planchette de noyer de 0m,002 d'épaisseur ; ses dimensions devront être telles qu'elle puisse exactement entrer dans la chambre noire. Elle sera maintenue rigide par deux petites baguettes de bois blanc collées à son verso, perpendiculairement aux fibres du bois. C'est sur le recto de cette planchette que nous fixerons la surface sensible, papier ou pellicule, à l'aide de bandes de papier gommé appliquées sur ses quatre côtés[4]. Quatre petites pointes enfoncées dans le voisinage des angles de la chambre et formant saillie à l'intérieur serviront d'arrêt et supporteront la planchette dont la position sera rendue invariable, au moment d'opérer, par quatre punaises que l'on piquera dans les parois immédiatement derrière elle.

Puisque nous n'accompagnons pas notre appareil dans son ascension, nous ne pouvons songer à une mise au point spéciale pour chaque vue, comme cela se pratique d'ordinaire lorsqu'on exécute des photographies à la surface du sol. D'ailleurs le besoin s'en fait moins sentir dans le cas qui nous occupe, vu que les premiers plans font défaut et que nous opérons toujours à une distance relativement considérable. Que nous prenions en effet une vue en plan ou une vue perspective, les objets les plus rapprochés se trouveront à une distance de 80^m ou 100^m de l'objectif. Dans ces conditions, il nous est facile d'exécuter une mise au point unique à cette distance et nous serons certain que les objets plus éloignés seront également nets sur notre épreuve. Pour effectuer cette opération, nous placerons notre chambre, munie intérieurement de son objectif, sur un pied, à 75^m environ d'un objet de grande dimension présentant des détails aux contours bien arrêtés : un mur portant une enseigne, un monument construit en moellons appareillés, une rangée d'arbres à l'écorce rugueuse éclairée par un jour frisant. Nous ferons avancer et reculer dans la chambre une glace dépolie fixée bien à angle droit sur une planchette et, lorsqu'elle aura atteint le point précis où l'image est absolument nette, nous marquerons un trait sur les quatre côtés de la chambre, exactement à l'endroit qu'affleure la face dépolie de la glace[5]. C'est sur ce trait et dans le voisinage des angles que nous fixerons de petites pointes sans têtes, dites pointes de vitrier, sur lesquelles viendra reposer la planchette porte-pellicule que nous avons décrite plus haut. Pour en finir avec la chambre, il ne restera plus qu'à fixer sur chacun de ses grands côtés un boulon en cuivre dont la tête sera à l'intérieur et dont l'écrou placé en dehors permettra de l'assujettir au support que nous allons décrire. Afin d'éviter tout reflet nuisible, la tête du boulon sera recouverte de drap noir.

Mode de suspension de la chambre noire. — Nous ne pouvons ici nous servir de la suspension à la Cardan, qui donne, paraît-il, de bons résultats avec les ballons. Les mouvements souvent brusques du cerf-volant occasionneraient des oscillations incessantes. Nous devons au contraire tâcher de rendre notre chambre noire tellement solidaire du cerf-volant qu'elle ne fasse qu'un avec lui. Dans ce but, et après bien des tâtonnements, nous en sommes revenu au moyen qui paraît le plus simple et nous avons adopté un boulon reliant la chambre au *support*, intermédiaire obligé entre l'appareil et le cerf-volant. Notre support se compose d'une boîte triangulaire fixée à la charpente du cerf-volant par deux solides boulons et dont les côtés évidés permettent à la main de venir serrer dans l'intérieur l'écrou du boulon de la chambre noire qui traverse l'une de ses parois.

Ici, deux cas vont se présenter : est-ce une vue verticale, est-ce une vue perspective que nous voulons obtenir ? Dans le premier cas, l'axe de notre objectif devra être parallèle à la direction du fil à plomb. Dans le second, il sera nécessaire de l'incliner sur l'horizon d'une quantité donnée ; en d'autres termes, il devra plonger.

Examinons le premier cas, celui où nous cherchons à obtenir une vue en plan.

Nous devons tout d'abord nous préoccuper de l'angle que forme avec l'horizontale le plan du cerf-volant. Il semble, au premier abord, difficile de déterminer exactement cet angle qui diminue sans cesse à mesure que le cerf-volant s'élève davantage, d'abord, en raison du poids croissant de corde qu'il emporte et, en second lieu, à cause de la prise que cette corde offre auvent, prise qui lui fait décrire une courbe plus ou moins prononcée. Notons toutefois que l'ouverture de cet angle devient constante dès que le cerf-volant a trouvé dans l'air sa position d'équilibre. Bien que la rigueur mathématique ne soit pas pratiquement indispensable et que, d'une manière générale, on puisse admettre que le plan du cerf-volant forme avec l'horizontale un angle de 33°, comme le plus léger changement dans les proportions de la *bride* peut faire varier cet angle, nous allons décrire un procédé très simple que nous avons imaginé pour l'évaluer avec une certaine précision. Ici la Photographie va nous venir en aide et ce sera le cerf-volant lui-même qui enregistrera l'angle qu'il forme sur l'horizontale au haut des airs. La connaissance de cet angle nous permettra de construire notre support sans tâtonnements.

Moyen de connaître l'angle que forme le plan du cerf-volant avec l'horizon. — Nous prendrons un carton suffisamment rigide que nous découperons exactement à la grandeur de notre chambre noire et qui pourra venir occuper la place de la surface sensible. Nous recouvrirons ce carton de papier pelure dont trois côtés seront rabattus et collés par derrière. Nous aurons ainsi une sorte de poche dans laquelle nous pourrons introduire une feuille de papier au gélatinobromure. À l'aide d'un rapporteur, nous tracerons sur le papier pelure un quart de cercle dont le 0° se trouvera sur une ligne parallèle à l'un des petits côtés et la division 90° sur une ligne parallèle à l'un des grands. Au point de centre du quart de cercle, nous percerons un trou d'aiguille dans lequel passera un fil à plomb fixé par derrière[6]. Après avoir retiré l'objectif, nous introduirons le carton ainsi préparé dans la chambre noire, le papier pelure tourné vers l'obturateur. Nous fixerons directement la chambre à l'arête du cerf-volant par son grand côté correspondant a la division 90°, et de telle sorte que la division 0° et, par suite, l'attache du fil à plomb soient tournés vers la tête, l'axe de la chambre se trouvant dans une direction perpendiculaire à celle de l'arête. La mèche de déclenchement[7] allumée, nous lancerons le cerf-volant. Lorsqu'il sera parvenu à la hauteur qu'il doit normalement atteindre (ce qui ne demande guère qu'une ou deux minutes, si toute la corde lui a été donnée au départ), il prendra une position d'équilibre dont il ne s'écartera guère pendant la durée de l'expérience. À l'intérieur de la chambre que se passera-t-il ? Après quelques oscillations, le fil à plomb s'arrêtera en face d'une des divisions du quart de cercle. Si à ce moment l'obturateur est déclenché, un faisceau lumineux pénétrant dans la chambre projettera sur le papier sensible les divisions du quart de cercle et l'ombre du fil à plomb. Rentré dans notre laboratoire, nous n'aurons plus qu'a développer le papier au gélatinobromure pour connaître exactement l'angle cherché.

Le support. — Si nous pouvions suspendre notre appareil par sa partie postérieure (ce que nous faisions au début), notre boîte support devrait donc présenter, entre sa paroi supérieure (celle qui tient au cerf-volant) et sa paroi inférieure (celle qui supporte l'appareil), un angle de 33°. L'expérience nous a depuis longtemps démontré qu'il est imprudent de suspendre la chambre par sa partie mobile ; aussi est-ce par l'un ou l'autre de ses grands côtés que nous la fixerons au support. Mais la forme de ce support ne changera pas pour cela. En effet, construit comme l'indique la *fig.* 2, il présente un angle de 33° ABC et un angle droit ACB. Par suite, la partie CB prendra la direction horizontale et AC[8], la direction verticale (ces deux lignes étant perpendiculaires l'une à l'autre) dès que le cerf-volant qui vient s'appliquer sur la ligne AB flottera dans l'air. Cela posé, si nous fixons à l'aide d'un boulon l'un des grands côtés de la chambre noire sur la partie AC, l'axe de l'objectif sera vertical et notre chambre occupera la position requise pour obtenir une vue en plan.

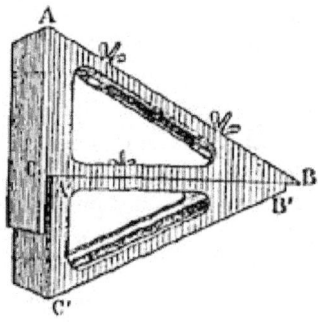

Fig. 2.

Voulons-nous exécuter une vue perspective ? Nous fixons au-dessous du support que nous venons de décrire une seconde boîte semblable à la première et dont l'angle A'B'C' n'est plus de 33°, mais d'un nombre de degrés tel que nous puissions obtenir sur la glace sensible ce que l'on nomme une *vue cavalière*. Dans la pratique, un angle de 26° nous a donné de bons résultats. La partie A'B' de cette boîte viendra s'appliquer sur la partie CB de la première. C'est à la partie B'C' de ce second support que viendra se fixer le grand côté de la chambre noire dont l'axe se trouvera former un angle de 26° au-dessous de l'horizon. Ce dispositif est précieux à cause de la faculté qu'il donne (la partie CB du premier support demeurant toujours horizontale) de faire pivoter le second support autour du boulon qui les relie l'un à l'autre. De cette façon, l'opérateur peut diriger l'objectif toujours sous un même angle vers tous les points de l'horizon qui ne sont pas masqués par la partie postérieure du cerf-volant et embrasser ainsi un champ considérable.

Ce qui nous a conduit à placer un boulon sur chacun des grands côtés de la chambre noire, c'est que, dans la position verticale, c'est le *dessous* de la chambre qui doit s'appliquer sur la planchette AC, si l'on veut éviter que la fumée de la mèche de déclenchement soit chassée par le vent sur l'objectif. Pour la vue perspective, au contraire, c'est le *dessus* de la chambre qui doit s'appliquer sur la partie B'C' du second support, afin d'éviter le même inconvénient.

À quel point du cerf-volant fixerons-nous le support ? Nous avons déjà vu (p. 11) que ce doit être sur la boîte de forme trapézoïdale qui sépare les deux règles du cerf-volant à la quatrième et à la cinquième unité en partant de la tête. Cette position n'est pas arbitraire, et c'est à sa recherche que nous avons certainement rencontré le plus de difficultés. Au premier abord, en effet, l'endroit le plus convenable nous sembla devoir être la portion de l'arête venant immédiatement au-dessous du point d'attache inférieur de la bride. Là, rien ne viendrait masquer l'objectif, tous les cordages se trouvant au-dessus de lui. Mais l'expérience fut loin d'être satisfaisante. À peine le cerf-volant s'était-il élevé de quelques mètres, qu'il sembla pris de vertige ; il décrivit précipitamment une série de circonférences à très petit rayon qui le ramenèrent à terre avec une brusquerie dont il eut à souffrir. Nous plaçâmes alors notre support à égale distance des deux points d'attache de la bride. Les résultats, quoique moins mauvais, furent encore très défectueux ; le cerf-volant, il est vrai, n'exécutait plus de pirouettes, mais il éprouvait un balancement rapide qui rendait impossible l'obtention d'une vue. Ce n'est qu'à la suite de nombreuses expériences, dans lesquelles nous faisions progressivement avancer notre support vers la tête du cerf-volant, que nous avons enfin trouvé le point favorable à l'obtention d'une photographie, celui où le cerf-volant conserve une immobilité relative. La portion de l'arête à laquelle correspond la meilleure position de la chambre noire est la quatrième unité à partir de la tête[9]. D'où il résulte que, pour une vue en plan, la chambre étant fixée à l'avant du support, celui-ci doit être placé à la cinquième unité et que, pour une vue perspective, la chambre étant fixée sous le support, celui-ci doit venir se placer plus près de la tête, à la quatrième unité. Voilà pourquoi la boîte doit avoir une longueur de deux unités, qui permettra d'avancer ou de reculer le support, suivant le but qu'on se propose. Dans cette position, la chambre noire ne gênera en rien la stabilité du cerf-volant, mais l'épreuve que nous obtiendrons sera traversée par l'image de la bride. Le moyen que nous avons imaginé pour obvier à cet inconvénient consiste à modifier la bride tout en lui laissant et les mêmes points d'attache et le même point de traction. Seulement, les cordes qui la composent s'écartent et forment deux fenêtres triangulaires (l'une verticale pour les vues cavalières, l'autre horizontale pour les vues en plan), qui permettent à l'objectif d'embrasser librement l'espace, tout en ne modifiant en rien les lignes de traction, ce qui assure au cerf-volant la même stabilité qu'avec la bride ordinaire.

La bride. — Voici notre dispositif : Deux cordes sont fixées au point d'attache supérieur O (*fig. 3*). On leur donne une longueur telle que, passant par les extrémités de l'arc AB, elles puissent atteindre le point d'attache inférieur X. On ajoute à cette longueur ce que l'on juge nécessaire pour les nœuds. Ceci posé, à la distance OB et OA, on fait un nœud sur chacune des deux cordes. On enfile sur ces deux cordes une sorte de palonnier en roseau MN, d'une longueur égale à OA, percé d'un trou à chacune de ses extrémités. On fait immédiatement au-dessous un nœud sur chacune des deux cordes, de façon à rendre sa position inamovible. Ramenant alors l'extrémité du palonnier sur A ou sur B, on fixe au point d'attache inférieur la portion de corde qui pend au-dessous. Après avoir assujetti de même la seconde corde, on joint les deux extrémités du palonnier par une corde lâche, au milieu de laquelle on forme une boucle Z[10]. C'est sur cette boucle que viendra se fixer l'olive de la corde de manœuvre.

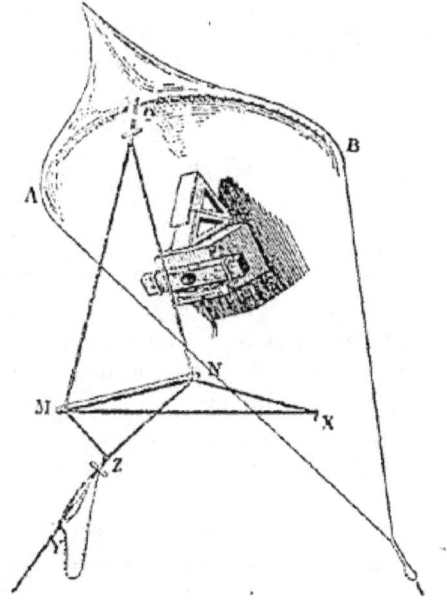

Fig.3.

L'obturateur. — Comme il est facile de le comprendre, pour obtenir une netteté suffisante, la pose devra être extrêmement courte, étant donnée la mobilité du cerf-volant. Dans la pratique, nous n'avons cependant pas trouvé qu'il fût nécessaire de recourir à des poses inférieures comme durée à 1/100 ou à 1/150 de seconde. Cette vitesse nous a été fournie par un obturateur à guillotine que nous avons construit nous-même et qui, expérimenté suivant la méthode de M. de La Baume Pluvinel, exposée dans l'Ouvrage de M. Agle[11] (p. 72 *et suiv.*), dite *méthode de la boule*, nous a constamment donné les mêmes résultats.

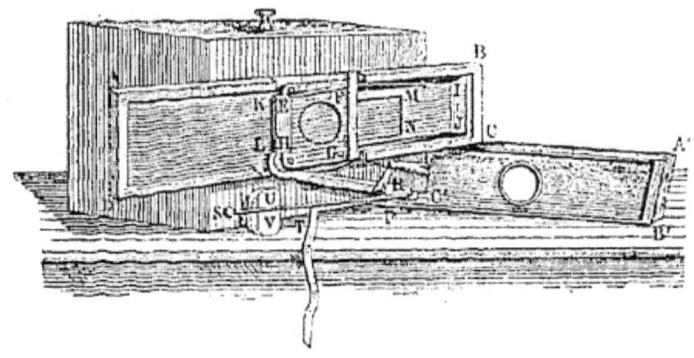

Fig.4.

Cet obturateur (*fig.* 4) se compose d'une mince planchette de noyer de $0^m,002$ d'épaisseur ABCD, dont la largeur doit être deux fois environ le diamètre de l'objectif et la longueur sept fois ce diamètre. Au centre de cette planchette, on pratique une ouverture circulaire d'un diamètre égal à celui de l'objectif. De chaque côté de cette ouverture et parallèlement aux grands côtés de la planchette, on colle deux réglettes bien dressées ayant environ $0^m,0015$ d'épaisseur, $0^m,01$ de largeur et une longueur égale au diamètre de l'objectif augmenté de $0^m,02$. On recouvre ces réglettes d'une planchette carrée EFGH, ayant de côté cette dernière dimension. Cette planchette, solidement fixée par quatre vis, porte en son centre une ouverture semblable à la première et rigoureusement placée au-dessus d'elle. Nous aurons, entre ces deux ouvertures, une coulisse dans laquelle glissera librement une planchette que nous choisirons imperméable à la lumière[12] et aussi légère que possible. En effet, n'oublions pas que nous n'opérons plus sur une base solide, sur un trépied, mais sur un appareil suspendu en l'air, auquel la moindre poussée peut communiquer un mouvement. La force d'inertie seule doit nous fournir la stabilité nécessaire. Il se produit ici un fait analogue à celui qu'on observe dans le tir des armes à feu. À charge égale, c'est le fusil le plus lourd qui repousse le moins, c'est-à-dire celui dont le poids, comparé à celui du projectile, offre le plus d'écart. Donc, dans la mesure du possible, plus nous donnerons de poids à notre appareil par rapport à celui de la planchette obturatrice, ou inversement, moins nous donnerons de poids à cette planchette par rapport à celui de l'appareil, et moins nous aurons à craindre de déplacement pendant la pose. Cette planchette IJKL sera suffisamment amincie pour passer librement dans la coulisse ; elle sera percée en son centre d'une ouverture *carrée* FGMN, ayant de côté le diamètre de l'objectif. À l'une de ses extrémités IJ, nous la taillerons en biseau et nous collerons dans toute sa largeur, sur une longueur de 0^m,02, deux feuilles de parchemin superposées qui formeront, avec le biseau, une petite encoche destinée à recevoir le caoutchouc servant de ressort. Ce caoutchouc IEJH sera fixé, d'autre part, soit à deux clous disposés convenablement, soit à la planche formant coulisse[13]. Le parchemin IJ sera aminci au papier de verre du côté opposé à l'encoche, ce qui permettra à la planchette arrivant à fond de course de pénétrer avec force entre les coulisses et de s'y trouver fixée par l'élasticité du parchemin, ce qui écartera tout danger de rebondissement[14]. L'arrêt sera obtenu à l'aide d'un loqueteau LP mobile autour d'un clou à vis. Ce loqueteau, placé dans le plan de la planchette obturatrice, viendra, par une de ses extrémités, fermer en partie la fente de la coulisse en L sous un angle très faible, de telle sorte que la pression seule de la planchette, sollicitée par son ressort, le fasse céder. À son extrémité opposée, deux encoches permettront, l'une R, de lui adapter un caoutchouc agissant dans le sens du déclenchement, l'autre P, un fil tendu PS, qui le maintiendra dans la position de fermeture de la fente. Pour obtenir le déclenchement pendant le vol du cerf-volant, nous ferons passer ce fil à travers l'extrémité d'une mèche d'amadou T, dont nous allumerons l'autre extrémité. Le feu montera lentement le long de la mèche, à raison de 0^m,05 par minute, et, lorsqu'il atteindra le fil, il le brûlera et déclenchera ainsi l'obturateur[15].

Mais cet obturateur, s'il restait exposé quelque temps à la lumière diffuse et surtout aux rayons directs du soleil, ne tarderait pas laisser filtrer quelque filet de lumière qui viendrait voiler la glace. Pour

II. Description des appareils.

nous mettre à l'abri de cet accident, nous n'avons rien trouvé de mieux que de recouvrir l'ensemble de l'appareil dont nous venons de donner la description, d'une boîte A'B'C' en carton noir. Cette boîte se fixe sur la grande planchette à l'aide de deux caoutchoucs, et porte en son milieu une ouverture circulaire qui vient coïncider avec celles des planchettes. Dans ces conditions, les seuls rayons lumineux qui pénètrent dans la chambre sont ceux qui passent normalement au moment de l'ouverture de l'obturateur[16]. Puisque nous avons placé l'objectif à l'intérieur de la chambre noire, c'est directement sur celle-ci que nous fixerons l'obturateur, en ayant le soin d'interposer entre eux un morceau de drap noir encollé sur ses deux faces, qui interceptera d'une façon absolue les infiltrations de lumière.

Déclenchement de l'obturateur. — Nous avons à choisir entre deux modes de déclenchement ; l'un élégant, ingénieux, permettant de faire fonctionner l'appareil à l'instant précis où on le juge convenable, mais coûteux, un peu lourd et embarrassant : c'est l'électricité. L'autre simple, primitif même, fonctionnant invariablement au moment exact que l'on a marqué d'avance même, il faut bien l'avouer, si l'instant est inopportun, soit que le vent faiblisse, soit qu'un nuage vienne obscurcir le soleil, mais d'une légèreté et d'un bon marché dont rien n'approche : c'est la mèche à temps. C'est à ce dernier mode de déclenchement que nous donnons la préférence ; aussi est-ce celui que nous avons décrit dans tous ses détails. Si, au cours de nos expériences, il a quelquefois opéré d'une manière intempestive, nous devons reconnaître que jamais la mèche ne s'est éteinte, jamais l'obturateur n'est revenu à terre sans avoir été déclenché. Son principal avantage, d'ailleurs, c'est sa légèreté. Avec l'électricité, au contraire, les deux fils de cuivre recouverts de soie ou de coton, qui relient le cerf-volant à l'opérateur, chargent d'une manière sensible la corde de manœuvre autour de laquelle ils s'enroulent et diminuent ainsi d'une façon notable la force ascensionnelle du cerf-volant. De plus, moins extensibles que cette corde, ils risquent de se rompre sous l'effort d'un coup de vent, et l'opérateur demeure alors sans action sur son appareil. Enfin, une pile et un boulon de contact doivent être emportés par l'opérateur, et ce surcroît de bagage ne laisse pas que d'être embarrassant au cours de la manœuvre. Nous le répétons, à moins de circonstances toutes spéciales, c'est donc à la mèche à temps que nous donnons la préférence.

Arthur Batut

Choix de l'objectif. — Quel objectif devrons-nous choisir pour la Photographie aérienne ? Examinons les conditions dans lesquelles nous devons opérer ; ce sera le vrai moyen de trouver l'instrument qui répondra le mieux à nos besoins. Nous devons photographier instantanément ; il faudra donc pouvoir nous passer de diaphragmes ou du moins n'en employer que d'un fort diamètre. Nous voulons obtenir des plans sur lesquels nous relèverons des mesures exactes ; il est donc nécessaire d'éviter toute déformation. À la question ainsi posée, la réponse est facile. Les instruments aplanétiques remplissent les conditions requises. Dans les cas habituels, nous choisirons un aplanat ordinaire, qui, avec une ouverture de f/17 pourra embrasser d'une manière suffisamment nette un angle de 40° environ. Lorsqu'il sera nécessaire de comprendre dans notre plaque une surface de terrain plus étendue, et que nous aurons atteint le maximum d'élévation que notre cerf-volant et nos cordes ne permettront pas de dépasser, nous aurons recours aux objectifs aplanétiques grands angulaires. Il nous sera possible ainsi d'embrasser un angle de 90°. Mais, dans ce cas, à moins d'opérer avec une très belle lumière, la pose pourra quelquefois se trouver insuffisante, l'ouverture de ces objectifs n'étant guère que de 1/15. De ce qui précède, il ne faudrait pas conclure que la Photographie aérienne ne peut être abordée qu'avec des instruments de prix. Un objectif simple à paysage, d'une ouverture suffisante pour l'instantanéité, donnera des résultats intéressants, surtout s'il s'agit de vues perspectives. Mais, comme pour tous les autres genres de Photographie, si l'on tient à des images rigoureusement exactes ; les instruments que nous indiquons sont nécessaires.

Choix du procédé photographique. — Pour le procédé photographique, nous aurons à choisir entre les glaces, les pellicules et les papiers au gélatinobromure d'argent. La rapidité la plus grande est la condition essentielle. En second lieu, vient la question de poids qu'il ne faut jamais négliger avec les cerfs-volants. À rapidité égale, nous choisirons donc des papiers ou des pellicules de préférence aux glaces qui, d'ailleurs, si la descente a lieu brusquement, risquent de se briser et d'endommager l'objectif par leurs éclats. Les pellicules ont sur les papiers l'avantage d'une finesse plus grande et peut-être aussi d'une rapidité supérieure[17]. C'est donc aux pellicules que nous accorderons la préférence.

Dévidoirs et cordes. — Il nous reste enfin à étudier les cordes de

II. Description des appareils.

manœuvre et les dévidoirs sur lesquels nous les enroulerons.

Nous l'avons déjà dit, le vent a une action marquée sur la corde qui retient le cerf-volant ; et cette action venant s'ajouter à celle de la pesanteur, force la corde à décrire une courbe plus ou moins prononcée. Plus nous diminuerons cette courbe et plus nous donnerons à notre appareil de force ascensionnelle. Pour atteindre ce but, il faudra donc, dans les limites du possible, diminuer : 1° le poids de la corde, 2° sa surface (sa résistance à la traction restant la même). Nous choisirons une corde faite du meilleur chanvre et tordue avec soin. Le *fouet*, qui se vend en pelotons de 80^m au prix de 4^{fr} le kilo, convient parfaitement pour des cerfs-volants de $1^m,50$ de haut. Il est vrai qu'on pourrait prendre pour corde de manœuvre un fil d'acier d'une section et d'un poids très faibles, dont la résistance serait pourtant supérieure à celle de la corde de chanvre. Mais n'oublions pas que, tendu par le cerf-volant, un tel fil est comparable à une lame tranchante, capable de causer les plus graves blessures en cas d'accidents.

Précisément, pour éviter les coupures qu'une simple ficelle peut faire lorsqu'on la laisse filer entre les doigts et d'ailleurs pour rendre la manœuvre plus facile et ne pas courir le risque d'embrouiller la corde, nous avons adopté un dévidoir d'un maniement facile et d'un prix insignifiant. Ce dévidoir se compose d'un cylindre de bois dur de $0^m,08$ de diamètre et d'une longueur de $0^m,05$, dont les deux extrémités, formant tenons, s'engagent dans des mortaises pratiquées au centre de deux disques de bois dur d'une épaisseur de $0^m,015$ et de $0^m,20$ de diamètre. Deux poignées de bois, bien en main, solidement fixées sur les disques aux deux extrémités d'un même diamètre, permettent de donner facilement au cylindre un mouvement de rotation rapide et d'enrouler ou de dérouler la corde de manœuvre. Celle-ci est arrêtée sur le cylindre par un trou qu'elle traverse et derrière lequel un fort nœud la maintient. Un moyen d'attache que nous préférons et dont on verra plus loin l'utilité, consiste à fixer, par un nœud sur le cylindre, un bout de corde formant boucle. Sur cette boucle vient s'attacher la corde de manœuvre à l'aide d'une olive en bois. Ce moyen permet de détacher rapidement la corde de son dévidoir à un moment donné. Une seconde olive termine la corde à l'autre extrémité et permet de la relier à la bride du cerf-volant. À la suite de plusieurs cas de rupture de la corde, dus à de brusques coups de vent, nous eûmes l'idée d'interposer entre la bride et la corde de manœuvre une lanière de caoutchouc ZY (*fig*. 3, p. 27) de $0^m,005$ de section, doublée trois ou quatre fois. Cette modification nous a donné d'excellents résultats. En effet, le coup de vent, au lieu d'attaquer brusquement la force d'inertie de la corde, met, grâce à l'élasticité du caoutchouc, un certain temps à la vaincre et, par suite, répartit son effort sur une plus grande longueur.

Par excès de précaution, nous relions l'olive de la corde de manœuvre à la bride du cerf-volant au moyen d'une corde lâche, qui deviendrait utile si, par extraordinaire, la lanière de caoutchouc venait à se rompre.

III. Opérations sur le terrain.

Nous voilà munis des appareils nécessaires, voyons maintenant la manière de les utiliser.

Telle que nous l'avons décrite, notre chambre noire ne possède pas de châssis. C'est donc elle que nous devons prendre dans le cabinet noir pour lui adapter la surface sensible. Cette surface sensible, coupée à la grandeur voulue, sera fixée sur la planchette par les moyens mentionnés plus haut, introduite dans la chambre et assujettie comme il a été indiqué. Puis nous placerons le couvercle, que nous fixerons à l'aide de deux pointes formant verrou et dont nous masquerons le joint avec deux larges bracelets de caoutchouc rouge superposés. Sans sortir du laboratoire, nous relèverons la planchette obturatrice, et nous l'arrêterons dans cette position en ramenant sous elle l'extrémité du loqueteau. Nous fixerons celui-ci à l'aide du fil traversant la mèche d'amadou[18]. Sous ce fil, nous placerons la banderole de papier UV (*fig. 4*), destinée à nous annoncer le déclenchement, rangée en plis alternatifs (condition essentielle d'un bon déroulement). Puis nous tendrons le caoutchouc du loqueteau agissant dans le sens du déclenchement, et enfin celui qui commande la planchette obturatrice. Nous recouvrirons l'obturateur de son couvercle, que nous fixerons aux deux extrémités à l'aide de bracelets de caoutchouc. La chambre noire doit être construite de telle sorte qu'elle n'ait rien à craindre des rayons directs du soleil. Cependant, si nous devons parcourir une certaine distance avant d'atteindre le terrain d'opération, il sera prudent de la rouler dans un morceau d'étoffe noire.

La queue du cerf-volant sera disposée sur le dos de celui-ci, en la passant alternativement dans les encoches pratiquées aux deux extrémités du roseau ou des règles.

L'opérateur, déjà chargé de la chambre noire, prendra l'avant du cerf-volant, tandis que son aide, portant le dévidoir recouvert de sa corde, saisira l'arrière. Ils pourront ainsi arriver sur le terrain, même par un vent très fort, nous ne dirons pas d'une manière commode, mais sans avaries au matériel, ce qui est le point important. Une précaution qu'il est bon d'observer, c'est de ne jamais présenter le plan du cerf-volant normalement à la direction du vent.

Après avoir déposé la chambre noire, l'opérateur étendra le cerf-volant à terre et déroulera sa queue, tandis que son aide, après avoir fixé à une branche ou à un piquet l'olive qui termine la corde de manœuvre, s'éloignera en remontant le vent et laissant filer celle-ci. Lorsque 100^m ou 150^m de corde seront étendus à terre, l'opérateur tendra la ficelle réunissant les deux extrémités de l'arc (plus le vent est fort et plus doit être grande la convexité que lui présente le cerf-volant, afin d'éviter les oscillations et les secousses) ; puis il fixera la chambre noire, débarrassée de son enveloppe, sur le support. Il passera la lanière de caoutchouc, repliée en écheveau, à travers la boucle de la bride et, réunissant les deux côtés de cet écheveau par un nœud simple, fait à un mètre environ de l'extrémité de la corde de manœuvre, il introduira l'olive qui la termine dans la boucle de la bride. Il vérifiera si celle-ci n'a point accroché chambre noire ou obturateur, mettra le feu à la mèche d'amadou et notera l'heure exacte, afin de savoir approximativement l'instant où l'obturateur fonctionnera. Puis, saisissant le cerf-volant par un côté de l'arc et par l'extrémité inférieure, il le présentera au vent et lancera à son aide un vigoureux appel. Celui-ci partira aussitôt à toute vitesse en remontant le vent afin d'assurer un bon départ. Dès qu'il sentira que la corde tire, il s'arrêtera et dévidera rapidement pour permettre au cerf-volant d'atteindre toute l'élévation possible. Nous insistons sur les circonstances du départ, car c'est là surtout que les accidents peuvent se produire bien plutôt assurément qu'à la descente.

Ici se place une observation dont nous avons pu maintes fois constater l'utilité. Si, par suite de la violence ou de l'irrégularité du vent, le cerf-volant éprouvait des secousses, il faut, quelques secondes avant le déclenchement (ce qu'il est facile d'apprécier, si l'on a bien mesuré la mèche et noté exactement l'heure), marcher dans le même sens que le vent avec une vitesse suffisante pour que le cerf-volant ait une tendance à descendre. Dans ces conditions, il retrouvera la stabilité nécessaire à l'obtention d'une épreuve. Ceci n'est, bien entendu, qu'un palliatif pour des cas assez rares.

Arthur Batut

Dès qu'on verra la banderole de papier quitter le cerf-volant, on se mettra en devoir de l'abattre[19]. L'opérateur qui, pendant l'ascension, se sera rapproché de son aide, appuiera alternativement chacune de ses mains sur la corde en marchant vers le cerf-volant[20]. Celui-ci s'abaissera peu à peu et arrivera sans secousses à portée de la main. L'opérateur le saisira par la bride, dont il détachera la corde de manœuvre et la lanière de caoutchouc et l'étendra sur le dos pour retirer la chambre noire, qu'il enveloppera en veillant à ce que la planchette obturatrice ne puisse revenir en arrière.

Pour repartir, on prendra les mêmes dispositions que pour se rendre sur le terrain.

Développement. — Nous n'entrerons dans aucun détail au sujet du développement ; nous supposons nos lecteurs au courant de toutes les opérations photographiques. Qu'il nous suffise de leur signaler deux Ouvrages, où ils pourront puiser tous les renseignements nécessaires au développement des plaques peu exposées (ce qui est le cas pour nous). Ce sont *la Photographie instantanée*[21], de M. Londe, et le *Manuel de Photographie instantanée*[22] de M. Agle. Nous leur indiquerons cependant un procédé qui nous a constamment réussi et qui se trouve entre les mains de la plupart des amateurs c'est le développement au fer. Voici notre formule, qui développe lentement (condition de succès dans le cas des instantanées) et qui ne voile pas, même au bout d'une demi-heure, si aucune lumière anormale n'a agi sur la plaque[23].

BAIN D'OXALATE DE POTASSE.	
Oxalate neutre de potasse	150 ^{gr}
Eau de pluie	500

BAIN DE FER.	
Sulfate de fer pur	30 ^{gr}
Eau de pluie	500

Nous prenons pour demi-plaque 40^{cc} de fer, auquel nous ajoutons 40^{cc} d'oxalate. Nous versons ensuite dans le mélange 6 à 7 gouttes d'une solution à 5 pour 100 de bromure d'ammonium.

Nous ajouterons que, depuis la publication des deux Ouvrages cités plus haut et qui sont très complets, du reste, la Photographie s'est enrichie d'un produit nouveau, l'*hydroquinone*, qui semble se prêter merveilleusement au développement des clichés instantanés. La condition indispensable pour obtenir de bons résultats est de se procurer de l'hydroquinone absolument pure et de ne lui associer, dans le révélateur, que des substances également préparées avec grand soin. Ce qui fait le principal mérite de ce nouvel agent, c'est qu'il semble faire apparaître des détails là où d'autres révélateurs demeureraient impuissants. Il agit avec une lenteur extrême, sans jamais voiler la plaque. On comprend qu'il puisse rendre de grands services dans le cas qui nous occupe, et nous engageons nos lecteurs à en essayer[24].

IV. Moyen d'atteindre une plus grande hauteur en associant un second cerf-volant à celui qui porte l'appareil.

Nous avons indiqué la manière de construire le cerf-volant, de lui associer une chambre noire à obturateur automatique, enfin de le faire monter dans l'espace. Quelle hauteur un cerf-volant peut-il atteindre ? Telle est la question que nous voudrions étudier maintenant.

Un cerf-volant d'une dimension connue ne peut enlever qu'un poids donné. Ce poids sera indifféremment réparti sur sa charpente, sur les appareils qu'il emporte ou sur la corde qui le retient, mais il ne pourra être dépassé. Cela est si vrai que, si nous lançons un cerf-volant, nous le verrons monter jusqu'au moment où la corde que nous lui aurons donnée atteindra le poids qui représente sa charge *maxima*. À partir de ce moment, il pourra bien s'éloigner, mais ce sera horizontalement, il aura cessé de monter. Il ne faudrait pas croire qu'avec un cerf-volant de très grande dimension il fût possible d'atteindre une plus grande hauteur. La résistance de la corde à la traction doit être proportionnelle à la surface du cerf-volant. Le rapport entre son poids et la dimension du cerf-volant ne pourra donc varier que dans des limites très étroites. Heureusement que l'on a trouvé un moyen ingénieux de tourner la difficulté. Le journal *la Nature*, du 16 juillet 1887, contient un article sur les cerfs-volants, de M. Colladon, qui donne ce moyen. On lance un premier cerf-volant ; lorsqu'il a entraîné la quantité de corde qu'il peut porter, on attache l'extrémité de celle-ci au dos d'un second cerf-volant, qui s'élève à son tour et qui augmente la hauteur du premier de toute celle qu'il peut atteindre lui-même. On continue ainsi pour un troisième, pour un quatrième cerf-volant. M. Colladon, qui se livrait à des expériences sur l'électricité atmosphérique, affirme avoir atteint, avec trois cerfs-volants, trois cents mètres d'élévation. Nous avons répété nous-même ces expériences, et nous pouvons pleinement confirmer les résultats obtenus par M. Colladon. Le moyens d'attache le plus convenable de la corde au dos du cerf-volant, et que M. Colladon a négligé de mentionner, nous a semblé devoir être une bride simple, placée symétriquement à celle qui sert à sa manœuvre. Nous ferons observer qu'en usant d'un tel système de cerfs-volants, il est nécessaire de veiller avec le plus grand soin à la bonne construction de chacun d'eux, et surtout à la solidité absolue de leur queue. Si l'un des cerfs-volants vient à pirouetter, tout le système est compromis. Ajoutons que le plus sûr moyen de choisir des cordes proportionnées à la traction qu'elles devront subir, consiste à construire des cerfs-volants de mêmes dimensions et à donner une corde simple au premier, double au second, triple au troisième, en diminuant les longueurs, de façon à ne faire porter à chacun d'eux qu'un poids uniforme. Prenons, par exemple, trois cerfs-volants de $1^m,50$ de haut. Nous donnons au premier 200^m de fil de fouet pesant environ 500^{gr} ; au second, 100^m du même fil, mais double, pesant aussi 500^{gr} ; au troisième, 67^m du même fil triple, représentant un même poids de 500^{gr}.

Ici quelques explications pour la manœuvre ne seront peut-être pas inutiles. Reprenons l'exemple cité plus haut, et supposons que l'espace dont nous pouvons disposer ne soit que de 100^m en longueur. L'aide déroulera 100^m seulement du fil de fouet de 200^m porté sur le premier dévidoir. Parallèlement à ce fil étendu sur le sol, il déroulera le second dévidoir (100^m de fil double). Enfin, il agira de même à l'égard du troisième (67^m de fil triple). Chaque cerf-volant couché à terre sera attaché à sa corde de manœuvre. Après avoir fixé l'appareil photographique au premier, l'opérateur allume la mèche (qui devra être d'une longueur suffisante pour donner le temps nécessaire aux diverses manœuvres) et l'aide, saisissant le premier dévidoir, l'enlèvera comme d'habitude et lui donnera aussi rapidement que possible toute la corde. Puis il marchera dans le sens du vent pour se porter auprès du second cerf-volant et remettre le premier dévidoir à l'opérateur. Celui-ci en détachera la corde (en retirant l'olive qui la termine de la boucle de corde qui l'y retient) et passera cette olive dans la boucle de la bride de dos du second cerf-volant. Pendant cette opération, l'aide sera revenu au second dévidoir qu'il saisira, et il enlèvera le second cerf-volant, aidé, du reste, par la traction qu'exercera sur lui le premier. Il se rapprochera

IV. Moyen d'atteindre une plus grande hauteur...

du troisième, et la manœuvre se poursuivra comme pour le second. L'abatage s'exécutera de même, mais en sens inverse.

Avant d'aborder l'étude des moyens pratiques propres à nous faire connaître la hauteur du cerf-volant et les longueurs de corde qui doivent y correspondre, nous allons exposer un procédé très simple que nous avons imaginé pour prendre une vue cavalière en pays plat, même par temps calme.

Procédé pour enlever un cerf-volant par temps calme. — Que le cerf-volant demeure immobile au sein d'une masse d'air en mouvement ou bien qu'il coure lui-même au milieu de couches d'air calme, le résultat ne changera pas. L'expérience montre qu'un vent animé d'une vitesse de 20 kilomètres à l'heure suffit très bien à enlever un cerf-volant. Cette vitesse, qui permet de parcourir un kilomètre en trois minutes, s'obtient facilement de la plupart des chevaux au trot. Si, par un temps calme, nous faisons emporter par un cavalier au trot l'extrémité inférieure de notre corde de manœuvre entièrement déroulée, nous ne tarderons pas à voir le cerf-volant atteindre la hauteur normale que lui permet sa corde. Un champ considérable n'est pas nécessaire au cavalier ; on peut facilement le calculer en multipliant par 3 la longueur de la corde. La photographie obtenue, le cavalier doit s'arrêter sans abandonner l'extrémité de la corde, et l'on voit le cerf-volant descendre avec une lenteur et une régularité telles que les appareils qu'il porte n'ont rien à redouter. En mer, une chaloupe à vapeur peut facilement remplacer le cavalier pour une semblable opération.

De cette façon, il est sans doute facile d'obtenir des vues en plan. Avec l'obturateur que nous avons décrit, la vitesse de translation de l'appareil n'est pas telle que l'épreuve manque de netteté. Mais, dans beaucoup de cas, cette vue verticale ne présentera aucun intérêt, puisqu'elle embrassera justement le terrain parcouru déjà par le cavalier. Il n'en sera pas de même pour une vue perspective qui, suivant l'angle sous lequel elle sera prise et la hauteur du cerf-volant, pourra relever un espace beaucoup plus considérable et situé à 500^{m}1000^m, 2000^m, etc. en avant du cavalier. Un avantage que présente cette méthode, c'est de pouvoir braquer l'appareil dans toutes les directions ; avec le vent, au contraire, un côté (un seul, il est vrai) demeure interdit, c'est celui vers lequel va le vent et que masquerait la partie inférieure du cerf-volant.

V. Éléments nécessaires pour l'obtention d'une vue en plan.

Chaque fois que l'on veut obtenir une vue en plan, la connaissance de deux éléments devient indispensable : 1° *la hauteur verticale du cerf-volant* ; 2° *la distance qui sépare l'opérateur de sa projection sur le sol.*

Voulons-nous, en effet, prendre une vue en plan d'une enceinte dans laquelle nous ne pouvons pénétrer, mais dont nous connaissons approximativement les dimensions extérieures ? Nous devrons nous préoccuper d'abord de la distance à laquelle l'objectif opérera, pour lui permettre d'embrasser tout ce qui peut nous être utile, ensuite du point au-dessus duquel il fonctionnera et qui devra se rapprocher le plus possible du centre de l'enceinte. Avons-nous obtenu une épreuve ? Par quel moyen prendrons-nous des mesures exactes sur cette épreuve, si nous ignorons la distance qui séparait l'objectif de l'objet reproduit ?

Examinons successivement les moyens pratiques d'arriver à la connaissance de ces données indispensables.

Hauteur verticale du cerf-volant. — Le moyen le plus rigoureux, sinon le plus rapide, consiste à fixer, à côté de l'appareil photographique, un baromètre anéroïde de petite dimension ($0^m,06$ à $0^m,07$ au plus de diamètre), dont nous avons imaginé la disposition et que nous allons décrire. La glace de ce baromètre doit pouvoir s'enlever facilement. On découpe dans une feuille de papier noir un anneau de $0^m,007$ de large, qui puisse exactement couvrir le cadran du baromètre en venant se placer sous les aiguilles, et on l'ouvre en supprimant à peu près un tiers de sa circonférence. On découpe un second anneau absolument semblable dans du papier végétal et on l'applique sur le premier, auquel on le réunit en passant légèrement un pinceau enduit de colle sur la moitié seulement de leur pourtour extérieur. On colle alors, de champ, une étroite bande de carton sur le papier végétal ; cette bande, dont les deux extrémités viennent se rejoindre au-dessus de la partie du cercle que nous avons supprimée, donne à l'ensemble l'aspect d'une boîte ronde sans couvercle, dont le fond aurait été percé d'une large ouverture circulaire. Cela fait, on répète sur le papier végétal, avec une couleur opaque (encre de Chine ou vermillon), la graduation qui existe sur le cadran du baromètre, en ne laissant occuper aux traits qui la composent que la moitié de la largeur de l'anneau. Puis on découpe dans du papier au gélatinobromure (cela, bien entendu, à l'abri de la lumière) un anneau pareil à ceux que nous venons de décrire et on l'insère entre les deux, ce qui est possible, puisqu'ils ne sont collés que suivant la moitié de leur circonférence extérieure. Grâce à la portion supprimée, il est facile d'introduire l'anneau ainsi préparé sous l'aiguille du baromètre. On le fait tourner jusqu'à ce que les divisions qu'il porte coïncident avec celles du cadran, et l'on remet le verre qui, venant s'appliquer sur la tranche supérieure de la bande de carton maintiendra l'anneau d'une manière suffisante pour l'empêcher de glisser ou de gêner les mouvements de l'aiguille. Plaçant alors l'aiguille index rigoureusement en face de l'aiguille du baromètre, on fixe le baromètre dans une petite chambre noire munie d'un obturateur et semblable à celle qui nous sert pour l'obtention des vues. Elle n'a pas d'objectif et porte simplement une ouverture de $0^m,01$ de diamètre. Cette ouverture doit se trouver à $0^m,07$ ou $0^m,08$ du baromètre. Le faisceau lumineux pénétrant par ce trou au moment voulu, projettera sur le papier sensible l'ombre des deux aiguilles et celle des divisions. Le déclenchement des deux obturateurs sera obtenu à l'aide du même courant ou de deux mèches de même longueur. En développant l'anneau de papier au gélatinobromure, on obtiendra en blanc sur fond noir les divisions tracées sur le papier végétal et, sur la portion que ces divisions ne couvrent pas, l'image également blanche de l'ombre produite par les deux aiguilles : l'aiguille index indiquant le point de départ, l'aiguille barométrique, la hauteur de l'appareil au moment de l'opération.

Nous n'entrerons pas dans le détail des calculs qui permettent de déduire les hauteurs des indications barométriques. On les trouvera dans l'*Annuaire du Bureau des Longitudes*. Disons seulement que, pour obtenir la hauteur, en mètres, du cerf-volant avec une approximation généralement suffisante dans la pratique, on n'aura qu'à multiplier par 12 le nombre de millimètres compris entre les indications des deux aiguilles.

Nous prendrons comme exemple l'épreuve obtenue en même temps que la vue verticale reproduite dans *la Nature* du 23 mars 1889. L'écart entre les deux aiguilles est de $10^{mm},25$; si nous multiplions ce nombre 10,25 par 12, nous obtenons 123^m. Nous avons contrôlé ce résultat à l'aide de la formule donnée par le Dr Gustave Le Bon, page 56 de son remarquable Ouvrage *les Levers photographiques*[25], et nous avons obtenu 127^m. Comme on le voit, l'erreur est faible et peut d'ailleurs être attribuée au divisions barométriques qui ne sont pas tracées d'une manière bien rigoureuse.

Arthur Batut

Une autre méthode infiniment plus simple, mais aussi beaucoup moins précise, consiste à mesurer la corde de manœuvre et prendre les deux tiers de sa longueur. Cette mesure donne *à peu près* la hauteur du cerf-volant lorsque la corde forme avec la verticale un angle de 45° au dévidoir.

Voici enfin un procédé qui ne nécessite aucun nouvel appareil et qui donne une grande précision, lorsqu'il est exécuté avec soin. Malheureusement, il exige une donnée qu'on ne possède pas toujours. C'est la connaissance de la longueur exacte d'un objet quelconque reproduit sur l'épreuve photographique. Cette longueur est marquée sur un terrain plan à l'aide de deux jalons ; on élève une perpendiculaire sur le milieu de la ligne ainsi obtenue et l'on place sur cette perpendiculaire l'appareil qui a fourni l'image, en ne modifiant en rien sa mise au point. On cherche par tâtonnements le point où les deux jalons ont entre eux sur la glace dépolie une distance égale à la longueur de l'objet mesurée sur l'épreuve. Ce point obtenu, il ne reste qu'à mesurer la perpendiculaire à partir de son pied jusqu'à l'appareil. La longueur trouvée sera la même que la hauteur du cerf-volant au moment de l'opération. Si l'on désire avoir, sans calculs, une échelle pour évaluer diverses dimensions sur l'épreuve obtenue, toutes choses demeurant en place, on plante bien verticalement en terre, sur la ligne qui sépare les deux jalons, des baguettes distantes de 1ᵐl'une de l'autre et l'on en prend une photographie. Le cliché portera le mètre à l'échelle de l'épreuve en expérience[26].

Lorsque la hauteur du cerf-volant est connue, soit au moyen du baromètre, soit autrement, il est facile de se construire par le même procédé des échelles pour diverses distances et de prendre alors sur les épreuves obtenus des mesures qu'il serait impossible de se procurer d'une autre manière. Mais il va sans dire que les échelles seront toujours construites à l'aide de l'objectif qui doit servir aux opérations.

Distance qui sépare l'opérateur de la projection du cerf-volant sur le sol. — Cette donnée est indispensable lorsqu'on veut photographier un point précis. En effet, l'opérateur tenant la corde de son cerf-volant voit très bien s'il est trop à gauche ou trop à droite de l'objet qu'il vise ; mais il ne peut se rendre compte si son instrument se trouve en deçà ou au delà. Il a donc besoin de procédés qui lui permettent d'agir à coup sûr. En voici deux.

Le premier et, sans contredit, le plus précis consiste à envoyer un

V. Éléments nécessaires pour l'obtention d'une vue en plan.

observateur à une certaine distance dans une direction perpendiculaire à celle du vent. Cet observateur, après avoir choisi une station d'où il puisse voir l'objet à photographier et l'opérateur, indiquera par signe à celui-ci s'il doit avancer ou reculer. Pour plus de précision, il pourra se munir d'un fil à plomb d'un modèle spécial qui nous a rendu des services. Ce petit appareil, que nous avons construit pour nos expériences, se compose d'un cadre de bois léger de $0^m,06$ de large sur $0^m,40$ de long. Au centre et dans le sens de la longueur, est suspendu un fil à plomb. Deux lames de verre collées de chaque côté du cadre protègent ce fil à plomb contre l'action du vent. Après avoir amené la partie inférieure du fil entre son œil et l'objet à photographier, l'observateur devra par ses signes faire avancer ou reculer l'opérateur tenant la corde, de telle sorte que le cerf-volant vienne se placer vis-à-vis de la partie supérieure du fil.

Le second de ces moyens, qui peut être utile lorsqu'on n'a personne sous la main ou qu'il n'existe pas de station convenable pour voir le point à photographier, consiste, si la corde au départ du dévidoir forme avec l'horizontale un angle de 45° à 50°, à se placer à une distance du point que l'on vise, égale aux ⅔ de la longueur de la corde. Si l'angle n'était que de 30° à 35°, on devrait se mettre à une distance égale aux ¾ de cette longueur. Inutile d'ajouter que ce procédé n'a rien de rigoureux. Il peut cependant rendre des services. Pour mesurer l'angle que forme la corde avec l'horizontale, nous avons imaginé un petit appareil qui donne des résultats suffisamment précis. Il se compose d'un cadre carré en bois dont les côtés sont garnis de verres. Sur l'un des verres nous collons un quart de cercle en papier gradué de 0° à 90°. Dans l'angle qui forme le centre du quart de cercle, nous fixons un fil de soie à l'extrémité opposée duquel nous attachons un plomb de chasse n° 00. Si nous appliquons sous la corde, au départ du dévidoir, le côté du cadre compris entre le point d'attache du fil et le n° 90 de la graduation, le fil à plomb indiquera sur l'arc de cercle le degré de l'angle formé par la corde avec l'horizontale. Grâce aux deux verres, le vent ne peut gêner le fonctionnement du fil à plomb.

VI. Utilité des vues aériennes.

La Photographie aérienne est-elle une simple curiosité ou peut-elle réellement rendre des services ? Aujourd'hui le doute n'est plus permis. Nous voyons la plupart des États créer des compagnies d'aérostiers qui toutes sont munies d'appareils photographiques. Mais nous croyons que les applications de la Photographie aérienne seront bien plus nombreuses grâce au procédé que nous exposons ici et qui, par sa simplicité et le prix insignifiant des appareils qu'il réclame, est mis à la portée de tous.

Les explorateurs n'augmenteront guère leur bagage en emportant un cerf-volant de 2^m de long et quelques kilos de ficelle et, dans bien des cas, une vue cavalière obtenue à 100^m ou 200^m les renseignera sur la direction à prendre ou les dangers à éviter. Dans une chambre rapide, il leur sera possible de lever le plan de points inaccessibles : îles, rocs abrupts, forteresses, ou de rapporter l'image fidèle de ces *mounds*[27] du Mexique, dont le véritable point de vue se trouve dans les airs.

Nous n'avons point parlé de l'art militaire, et cependant c'est là surtout que l'on pourrait en faire de fréquentes et utiles applications. Avec un bagage aussi réduit, chaque troupe en marche aurait un sûr moyen de s'éclairer.

Enfin, grâce aux épreuves stéréoscopiques, qu'il est aussi facile d'obtenir avec le cerf-volant que des vues ordinaires, chacun pourra se donner l'illusion d'une ascension périlleuse et contempler le monde de haut sans courir aucun risque. Ces épreuves ont l'immense avantage de laisser distinguer avec une netteté surprenante, qu'explique la sensation du relief, les plus petits détails qui, sur une simple photographie, passeraient absolument inaperçus.

Nous citerons, sans y insister, l'usage que l'on peut faire de la Photographie par cerf-volant en agriculture pour conserver le souvenir des dispositions de rigoles d'arrosage et des modifications qui peuvent y être apportées ; pour la constatation des taches phylloxériques et de leurs progrès d'année en année, etc., enfin pour établir d'une manière indiscutable l'état des limites entre les héritages et celui des chemins de service.

Nous ne terminerons pas sans dire un mot d'une méthode à laquelle la Photographie par cerf-volant permettra, croyons-nous, de donner des applications plus nombreuses. Nous voulons parler de la méthode imaginée par M. le colonel Laussedat, pour le lever rapide d'un terrain à l'aide de deux vues photographiques. Ces deux vues, prises de deux stations séparées par une distance connue, permettent de restituer, par recoupements, tous les points du terrain vus de ces deux stations. Mais, si l'on opère en pays plat, où trouver ces deux stations d'où l'objectif embrassera un vaste espace ? Ici, le cerf-volant photographique vient à notre aide et, grâce à lui, nous pourrons prendre deux vues perspectives, qui rempliront parfaitement notre but. Rien ne sera plus simple que de les orienter, puisqu'en opérant simultanément avec deux cerfs-volants, on aura une direction unique due au vent, direction qu'il sera facile de modifier dans la mesure des besoins pour chaque objectif, en inclinant à droite ou à gauche les supports des appareils. Nous n'ignorons pas que pour obtenir des résultats sérieux, les chambres noires doivent être placées rigoureusement de niveau. Cette rigueur mathématique, nous devons reconnaître que nous ne l'avons pas encore réalisée ; mais, sans désespérer de l'atteindre, nous pensons qu'avec l'horizontalité relative qu'on peut dès à présent donner aux chambres noires, il est possible de lever un plan capable de rendre des services. Là se trouve une application importante du procédé que nous venons de décrire et qui, nous le répétons, malgré des difficultés plus apparentes que réelles, peut et doit donner à ceux qui suivront toutes nos indications des résultats sérieux.

Appendice.

Nous ne pensons pas avoir réalisé tous les perfectionnements dont notre procédé de Photographie aérienne est susceptible. Nous avons simplement prouvé que la réussite est certaine, même avec des appareils bien imparfaits. Il appartient à nos habiles constructeurs français de créer des types nouveaux, appropriés aux nouveaux besoins de la Photographie. Qu'ils portent principalement leur attention sur la chambre noire que nous avons décrite et dont il faudrait, si possible, diminuer le poids ; surtout sur un châssis léger et étanche, indispensable pour un travail suivi ; sur le cerf-volant enfin, qu'il faudrait pouvoir démonter pour en faciliter le transport.

Tandis que notre travail était sous presse, M. Henry Gauthier-Villars, avec sa bienveillance habituelle, nous a mis en relation avec M. l'ingénieur Ferdinand Pottier, bien connu des lecteurs de la Nature pour ses belles études sur la théorie du cerf-volant[28]. Grâce aux nouveaux modèles qu'il nous a fait connaître et aux idées qu'il nous a exposées, nous pensons qu'il serait facile de réaliser un cerf-volant d'un démontage facile. Il suffirait de remplacer le papier par une étoffe légère portant aux quatre points où se fixe la charpente, des poches solides dans lesquelles on introduirait les extrémités de l'arête et de l'arc. Il serait facile, par un système de tenons et de mortaises ou, plus simplement, par un boulon, de relier l'arc à l'arête.

Arthur Batut

Le poids du cerf-volant pourrait sans doute aussi être diminué, ce qui permettrait de restreindre ses dimensions. Nous avons tenté dans cette voie quelques essais et, tandis qu'un cerf-volant de 2^m construit suivant les indications que nous avons données pèse $0^{kg},785$, nous avons pu en exécuter un de même dimension ne pesant que $0^{kg},192$. Mais ce dernier, qui s'enlève très facilement avec un vent de 4^m à la seconde, serait certainement brisé par un vent de 10^m à 15^m que supporte fort bien le premier.

Nous ne terminerons pas sans dire un mot des objectifs. Le spécimen placé en tête de ce travail a été obtenu avec un aplanat de Steinheil ; mais nous devons avouer qu'il est facile de trouver parmi les objectifs français des instruments aussi bons, à des prix bien moindres. Nous avons eu notamment entre les mains deux aplanats stéréoscopiques que M. Derogy a eu l'obligeance de nous confier pour nos expériences et qui certainement ne le cèdent ni en finesse ni surtout en luminosité aux instruments des meilleurs opticiens étrangers.

Nous craindrions d'être incomplet si nous ne signalions à nos lecteurs deux nouveaux Ouvrages sur le développement, parus dans ces derniers mois ; nous voulons parler du *Développement de l'image latente*, par A. DE LA BAUME PLUVINEL[29], et du *Traité théorique et pratique du* développement, par Albert LONDE[30]. Ils y trouveront de précieuses indications sur la marche rationnelle à suivre dans les cas particuliers qui peuvent se présenter.

Nous attirerons enfin leur attention sur un mode d'accouplement des cerfs-volants que nous n'avons pu encore expérimenter, mais qui nous semble offrir de sérieux avantages sur celui que nous avons décrit. Nous supprimerions la bride de dos du cerf-volant inférieur et nous le ferions librement traverser (au moyen d'une fente pratiquée entre les deux règles et occupant les quatrième et cinquième unités) par la corde de manœuvre du cerf-volant supérieur. Cette corde se terminerait par une boucle qui se joindrait à la boucle de bride du cerf-votant inférieur pour recevoir l'olive de la corde de manœuvre de celui-ci. Par ce moyen, l'angle formé par la corde du cerf-volant supérieur n'aurait aucune action sur l'inclinaison du cerf-volant inférieur et celui-ci, conservant une plus grande liberté, présenterait, outre une force ascensionnelle supérieure, des garanties bien plus sérieuses de stabilité.

Appendice.

Documents Divers

Le cerf-volant qui nous a servi pour obtenir le spécimen qui accompagne cette brochure, a les dimensions suivantes :

Longueur de l'arrête	$2^m,50$
Longueur de l'arc	$1^m,75$

Les règles de bois blanc qui constituent l'arête ont de section $0^m,005 \times 0^m,03$.

Les fleurets qui composent l'arc sont des lames n° 5.

La corde de ceinture est en chanvre ; elle a $0^m,0035$ de diamètre et pèse $75^{gr},70$ au mètre.

Le poids total de la carcasse, en y comprenant la boîte trapézoïdale servant à fixer le support, est de

$$1^{kg},055$$

Celui du papier recouvrant le cerf-volant est de

$$0,201$$

Celui de la bride bifurquée avec son palonnier, de

$$0,160$$

Celui de la queue (longueur 12^m), ficelle double, de

$$0,384$$

Poids total du cerf-volant

$$1^{kg},800$$

Poids du support triangulaire

$$0^{kg},237$$

Poids de la chambre noire prête à fonctionner

$$0,610$$

Poids du baromètre et de sa chambre

$$0,325$$

Arthur Batut

Poids total des appareils

$1^{kg},172$

La corde de manœuvre en chanvre a 244^m de longueur. Elle a $0^m,0035$ de diamètre. 100^m de cette corde pèsent $0^{kg},770$. Son poids est donc de $1^{kg},878$.

L'objectif est un aplanat de Steinheil de 11 lignes et de 166^{mm} de foyer optique fonctionnant à pleine ouverture.

Notes

1.   TISSANDIER (Gaston), La Photographie en ballon, avec une épreuve phototypique du cliché obtenu à 600m au-dessus de l'île Saint-Louis, à Paris. In-8, avec figures ; 1886 (Paris, Gauthier-Villars et fils).

2.   TISSANDIER (Gaston), La Photographie en ballon, p. 26.

3.   Un moyen de parer à cet inconvénient, si les circonstances obligent à se servir d'un roseau, consiste à coller à la colle forte sur celui-ci préalablement dépoli à la râpe, un morceau de liège dans lequel on a creusé une gouttière pour loger le roseau. Ce morceau de liège est ensuite dressé avec soin sur la face opposée, et c'est sur cette face que vient s'appliquer l'arc qu'on y assujettit par une ligature croisée embrassant roseau, liège et arc.

4.   Pour éviter tout gondolement de la surface sensible, après l'avoir posée sur la planchette, face en dessus, nous la recouvrons d'une glace revêtue de papier noir. Nous pressons la glace sur la planchette avec deux pinces américaines et nous posons alors les bandes de papier gommé. Il va sans dire que la surface sensible doit être coupée un peu plus petite que la planchette et doit déborder légèrement la glace qui la recouvre. Une fois le papier gommé sec, ce qui ne demande que quelques minutes, on retire la glace.

5.   Pour ceux de nos lecteurs qui n'auraient pas sous la main une glace dépolie de la dimension voulue, nous rappellerons un procédé très simple qui permettra de la suppléer. Après avoir fait tailler un verre ordinaire bien plan à la grandeur de la chambre, on le passe avec précaution au-dessus de la flamme d'une lampe à alcool. Lorsque sa température ne peut plus être supportée par la main, on promène à sa surface une demi-rondelle de cire vierge qui la couvre aussitôt d'une couche transparente. On laisse alors refroidir la plaque en la tournant dans tous les sens pour égaliser

la couche. Une fois refroidie, cette couche perd sa transparence et présente l'aspect des glaces dépolies les plus fines.

6.   Notre fil à plomb se compose d'un fil noir très fin à l'extrémité duquel nous attachons un gros plomb de chasse, tel que ceux dont on se sert pour lester les lignes de pêche.

7.   Voir plus loin, à l'article Obturateur.

8.   Nous avons laissé à la planchette antérieure AC un léger excédent au-dessous du support, afin d'augmenter les points de contact avec la chambre noire lorsque celle-ci est dans la position verticale.

9.   Si nous prenons un cerf-volant de 2m, par exemple, la chambre devra être fixée à l'arête de façon à occuper la portion comprise entre 0m,60 et 0m,80 à partir de la tête.

10.   Nous réunissons d'habitude la bride aux deux points d'attache à l'aide d'olives en bois fixées à l'arête par un bout de corde. Les démontages que nécessitent certaines réparations sont ainsi rendus plus faciles.

11.   AGLE, Manuel pratique de Photographie instantanée. In-18 jésus, avec nombreuses figures dans le texte ; 1887 (Paris, Gauther-Villars et fils).

12.   Le noyer, le cerisier, le poirier conviennent pour cet usage, mais il faut proscrire le peuplier, le sapin, etc, comme translucides sous une mince épaisseur.

13.   Nous nous servons d'étroits bracelets de caoutchouc dont nous augmentons le nombre suivant les besoins. D'ordinaire, deux nous suffisent.

14.   Voir, au sujet de cet accident, la Photographie en ballon, par Gaston TISSANDIER, p. 26 et 27.

15.   Dans le cas où l'on voudrait commander le déclenchement au moyen de l'électricité, le fil serait remplacé par un caoutchouc capable de résister à la poussée de la planchette. Le loqueteau serait garni d'une plaque de fer doux en regard de laquelle on fixerait un petit électro-aimant capable de vaincre la résistance du caoutchouc. Au passage du courant, le loqueteau, attiré par l'électro-aimant, démasquerait la fente et la planchette s'abattrait.

16.   Nous avons laissé pendant plus d'une heure en plein soleil notre chambre, munie de son obturateur prêt à fonctionner, et, au développement, la plaque sensible qu'elle contenait n'a donné aucune trace de voile.

Arthur Batut

17.   Après avoir essayé divers papiers, glaces et pellicules, nous nous sommes arrêté aux plaques souples Balagny préparées par la maison Lumière, de Lyon, dont les résultats nous ont paru irréprochables.

18.   D'habitude nous donnons à cette mèche 0m,20 de longueur, (sa largeur est de 0m,005 à 0m,007) ce qui nous fournit quatre minutes entre le moment où nous l'allumons et le déclenchement.

19.   Si, par suite d'un mauvais pliage, la banderole ne se déroulait pas, il deviendrait très difficile de l'apercevoir et d'être averti du déclenchement. Il faudrait alors compter un temps double de celui nécessaire à la combustion de la mèche avant d'abattre le cerf-volant.

20.   Un moyen plus élégant et plus rapide consiste à enfiler sur la corde de manœuvre une petite poulie de fer fixée à une armature. L'opérateur saisira cette armature et marchera vers le cerf-volant.

21.   LONDE (Albert), La Photographie instantanée théorique et pratique. 2° édition. In-18, avec figures dans le texte ; 1890 (Paris, Gauthier-Villars et fils).

22.   AGLE, Manuel de Photographie instantanée. In-18 jésus, avec nombreuses figures dans le texte ; 1887 (Paris, Gauthier-Villars et fils).

23.   La planche qui accompagne ce travail a été développée à l'aide de cette formule. Nous dirons en outre que, pour nous rendre bien compte de sa valeur, nous avons pris une vue éclairée par le soleil, le 15 novembre, à 10 h du matin, avec un aplanat de Steinheil diaphragmé au 1/18et une pose de 1/100de seconde. Le cliché obtenu sur plaque souple Balagny a été complètement développé en 25 minutes et ne présente pas la plus légère trace de voile.

24.   BALAGNY (George), L'hydroquinone. Nouvelle méthode de développement. In-18 jésus ; 1889 (Paris, Gauthier-Villars et fils).

25.   LE BON (Dr Gustave), les Levers photographiques et la Photographie en voyage. 2 volumes in-18 jésus, avec figures dans le texte ; 1888 (Paris, Gauthier-Villars et fils).

26.   Lorsque nous avons imaginé cette méthode, l'Ouvrage du Dr Gustave Le Bon cité plus haut n'avait pas encore paru. Nous engageons vivement nos lecteurs à le consulter. Ils y trouveront

des procédés analogues, mais infiniment plus simples et plus ingénieux, exposés avec une merveilleuse clarté. De plus, cet Ouvrage contient des formules de la plus grande utilité pour les travaux qui nous occupent, notamment aux pages 56 et suivantes.

27.   Collines artificielles, sortes de tumuli, auxquelles leurs constructeurs ont donné la forme de serpents, de crocodiles, etc., et qui mesurent plusieurs centaines de mètres de longueur.

28.   Voir la Nature des 7 et 21 septembre 1889.

29.   LA BAUME PLUVINEL (A. DE), Le développement de l'image latente (Photographie au gélatinobromure d'argent). In-18 jésus ; 1889 (Paris, Gauthier-Villars et fils).

30.   LONDE (Albert), Traité pratique du développement. Étude raisonnée des divers révélateurs et de leur mode d'emploi. In-18 jésus, avec figures dans le texte et 5 planches doubles en phototypie ; 1889 (Paris, Gauthier-Villars et fils).

ISBN : 978-1546846208

Arthur Batut